爱迪生很忙

影响世界的发明发现

洋洋兔 编绘

石油工业出版社

图书在版编目（ＣＩＰ）数据

爱迪生很忙 / 洋洋兔编绘. — 北京 : 石油工业出
版社, 2022.10
（影响世界的发明发现）
ISBN 978-7-5183-5595-2

Ⅰ. ①爱⋯ Ⅱ. ①洋⋯ Ⅲ. ①科学发现－世界－青少
年读物②创造发明－世界－青少年读物 Ⅳ. ①N19-49

中国版本图书馆CIP数据核字(2022)第167865号

爱迪生很忙
洋洋兔 编绘

策划编辑：王昕 黄晓林

责任编辑：王磊

责任校对：刘晓雪

出版发行：石油工业出版社

（北京安定门外安华里2区1号 100011）

网　　址：www.petropub.com

编辑部：(010)64523616　64252031

图书营销中心：(010)64523731　64523633

经　　销：全国各地新华书店

印　　刷：河北朗祥印刷有限公司

2022年10月第1版　　2022年10月第1次印刷
889毫米×1194毫米　开本: 1/16　印张: 3
字数：40千字

定　　价：40.00元
（图书出现印装质量问题，我社图书营销中心负责调换）

前言

小朋友，你上下学搭乘什么交通工具呢？平常是打电话还是用电脑和朋友们联系呢？去超市买东西，你是用现金还是刷二维码支付呢？

生活中的这些东西，在你看来是不是特别熟悉和简单？其实，它们的出现可大有一番来头呢！

在很久以前，我们的祖先生活在大自然里，那时他们刚从古人猿进化而来，不会说话，只能靠采摘野果存活，没有厚厚的皮毛保暖，遇到稍微厉害一点儿的野兽就打不过，需要大家齐心协力才有机会捕猎成功。

古人通过观察思考，受雷电启发，发明了人工取火，用来烤熟食物和取暖；发明了石器，用来打猎、做活；发明了陶器，用来盛东西；还学会了种植，发展了农业，逐渐摆脱饥饿……

他们在一次次的合作中，发明了语言，让彼此更容易交流；因为出现了要记录事物的需求，就发明出文字、数字、纸张和印刷术等东西。我们现在出门可搭载的船、车、飞机，甚至日常生活离不开的电话、手机、电脑等物件，都是前人们绞尽脑汁发明出来的。它们给我们的生活提供了方便，让我们的生活越来越好，但你知道它们到底是怎么出现在这个世界上的吗？

本套书**精选了40个** 对人类社会有着深刻影响的**发明发现**,

用可爱的图文、**多格漫画故事方式**,

深入浅出地讲述了人类**为什么需要**发明它们,

它们**是如何被**发明或发现的,

以及它们的原理是什么,

对人类**造成了怎样的影响**,

现在**又有哪些**应用等问题。

这并不是一套可以解决你所有疑惑的百科词典,但翻开这套书,

你将会从一个全新的角度,了解这些伟大的发明发现。

如果你也好奇,那就跟着朵朵和灿烂一起,去探索这些伟大的发明发现吧!

目录

开篇故事

朵朵最近总想出去玩，她想要一部手机，方便和家里联系。

外公听说后，就说要给朵朵寄一部手机。

朵朵已经期待好几天了，今天，它终于被送到了！

嘟嘟嘟嘟嘟——

朵朵按照外公的提示输入了号码，手中大哥大的屏幕突然亮了起来。

朵朵和灿烂进入了一段新的旅程。

那么，他们会遇到什么呢？

玻璃 3500 年前

● 发明路径　偶然炼出玻璃 → 吹制工艺出现 → 玻璃制作工艺的发展 → 玻璃的应用

明亮的窗户、盛水的玻璃杯、色彩缤纷的花瓶……快找找，你身边还有哪些东西是玻璃制品？

● 玻璃是怎样发明的呢？

　　几千年前，一艘载有"天然苏打"晶体的腓尼基人的商船在航行中搁浅，船员们便在附近的沙滩上准备烧火做饭。

原来这些闪亮的东西，是"天然苏打"在火焰的作用下，与沙滩上的石英砂发生化学反应，所产生的物质——玻璃。

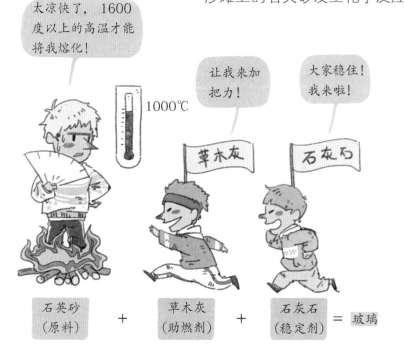

和沙子一样，玻璃的主要成分同样是二氧化硅。

二氧化硅的熔点很高，只有通过苏打降低它的熔点，才能使它在较低的温度下熔化成可以流动的液体，再加入石灰石等物质，等它冷却下来，就会形成玻璃。

公元前1500年，古埃及的工匠们做出了第一个玻璃器皿。

① 先用沙子做内膜，将黏稠的玻璃涂在上面。

不过在当时，玻璃器皿还不足以完全透明，并且造价十分昂贵。

② 放到火中烧成整体。

③ 拿出来等到玻璃冷却后，掏出沙子。

④ 就得到了中空的容器。

将玻璃吹变形

用大镊子控制形状

遇高温变软的玻璃

吹制工艺

公元前1世纪，叙利亚人发明了吹制工艺。

通过吹制工艺，玻璃可以被轻易地制成各种形状。

中世纪的意大利，就已经使用彩色玻璃了，怪不得是当时欧洲的玻璃生产中心！

● 现代玻璃是这样制成的

在窑炉中加热后形成熔融态（流动的）的玻璃

熔融态的玻璃经过熔融锡液面上冷却

再经过打磨就成了平板玻璃

石英砂　石灰石　纯碱　有时加入回收的碎玻璃

现代玻璃可比原来的要先进多了。

时代在发展，科技也在进步嘛！

16世纪起，人类迎来了玻璃真正应用于科技发展的时代：显微镜的发明让人类首次观察到了细菌；望远镜的发明让伽利略发现了木星有四个卫星、土星光环、太阳黑子等，并证实了日心说；牛顿通过玻璃棱镜发现了光折射的规律，改变了人们对光和颜色的认知。

这些科学成就都离不开玻璃，玻璃在科学实验及破解宇宙奥秘、生命奥秘方面发挥了极其重要的作用。

目前玻璃制造的仪器设备涵盖了光、声、电、磁、热等各个领域，成为重要的生产、研究工具。

易碎但价格低廉的普通玻璃

家里的厨具、炉灶台面则是耐热的陶瓷玻璃

医疗、航空领域常用耐高温、硬度高的高硼硅玻璃

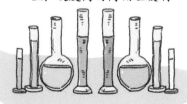

女人是用玻璃做成的。

塞万提斯

杠杆原理 2300 年前

发现路径 观察到奴隶撬石头 → 阿基米德发现杠杆原理 → 杠杆原理的应用

用一根木棍就能撬动地球，你相信吗？

这是两千多年前，古希腊著名科学家阿基米德提出的伟大设想。先别觉得他在信口开河，我们来了解下到底是怎么回事吧！

阿基米德

要不要帮帮他？

一天，阿基米德看到一个奴隶正在用短木棍撬一块大石头，但无论如何用力都无法成功。

这么大块的石头，再来两个人也搬不动。

后来，奴隶将短木棍换成长木棍，居然把石头撬了起来！

劳动人民的智慧是无穷的！

他是怎么做到的？

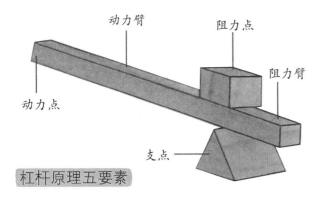

动力臂　阻力点　阻力臂　动力点　支点

杠杆原理五要素

经过反复的实验和计算，阿基米德得出了著名的杠杆原理：当两个重物平衡时，它们离支点的距离与重量成反比。杠杆越长，用力就越小；反之，杠杆越短，用力就越大。

听说了吗，阿基米德说他能撬起地球。

他又在吹牛了，我不信！

阿基米德这家伙又口出狂言，我要杀杀他的威风！

这个消息很快传到了国王的耳朵里，国王就专门出了一个难题，来考考阿基米德。

国王命令阿基米德要用最轻松的方式，将一艘大船推入水中。

阿基米德，以后你说什么我都信！

于是，阿基米德就制作了一套巨大的杠杆装置和滑轮机械，由末端的绳子来控制。

在国王亲手拉动之下，大船没费功夫就下了水。

瞄准，发射！

发石机

后来，古希腊城邦叙拉古遭到了罗马人的入侵。

多亏了阿基米德造出了神秘的武器——发石机，才得以将强大的罗马军队挡在城外三年之久。

发石机利用的就是杠杆原理！

可惜，最终叙拉古还是被攻陷，阿基米德死在了罗马士兵的手下。

其实，早在史前时代，人类就已经在利用杠杆劳作了。比如建造金字塔的巨大石块，就是应用杠杆原理才得以搬运。

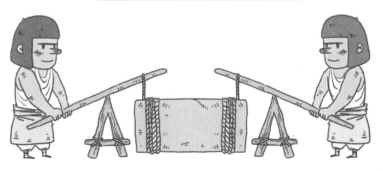

9

实际生活中，我们使用的杠杆主要分为三类。

省力杠杆

● 省力杠杆

　　在抬起一个物体时，如果需要抬起的距离不变，那我们用力的距离越长就会越省力，这就是省力杠杆，比如坚果夹子、开瓶器、扳手等。

压水井

撬瓶盖

裁纸用的机器

● 费力杠杆

　　如果想缩短用力的距离，保持抬起的距离不变，就会更费力，这种杠杆就是费力杠杆，像鱼竿、剪刀、筷子、镊子等都是费力杠杆。

费力杠杆

钓鱼

10

剪刀剪东西

拿筷子

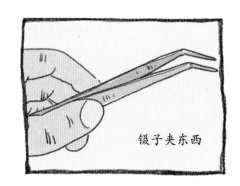

镊子夹东西

● 等臂杠杆

它两边的距离相等，既不省力也不费力，两边所用的力都是相等的，像天平、跷跷板就是经典的等臂杠杆。

天平

等臂杠杆

杠杆原理揭示了在杠杆两端的物体的重量和距离的关系，利用这个原理，人们就可以设计如何省力，或者在力足够的情况下尽可能节省距离。

我们的生活离不开杠杆原理，了解和认识它，能让我们的生活更轻松便利。

阿基米德

给我一个支点，我就能撬动整个地球。

看来距离还是不够长……

用力呀！

橡 胶 11 世纪

● 发现路径　印第安人应用橡胶 → 橡胶进入欧洲 → 固特异发明硫化橡胶
↓
橡胶的广泛应用

早在很久之前，生活在南美洲大陆的印第安人就发现了一种神奇的大树，它不仅会流出白色的树汁，树汁凝固后还非常有弹性，孩子们都把它像泥丸一样，搓成弹力球玩。

这种神奇的大树就是橡胶树，白色液体就是天然橡胶，它还有个名字叫"树的眼泪"。

橡胶树的眼泪有什么用处吗？

用处大着呢，不仅可以抗氧化、杀菌，维护树木的健康，当树皮被割破时，它还能帮助树皮尽快愈合。

橡胶树叶

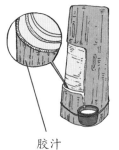
胶汁

这么好玩的小球，家乡的小伙伴也必须拥有。

1492年，航海家哥伦布来到美洲。1496年，他把印第安人用橡胶制作的弹力球带回了欧洲。

这棵树结的果子又不能吃，种它有什么用？

刚开始，很多人都不知道橡胶有什么用，也不知道它叫什么，只知道这是个软绵绵的不怕水的东西。

直到橡胶传入英国以后，英国人发现它能擦去铅笔字迹，就称它为rubber（橡皮），一直沿用至今。

就叫他"rubber"！

在那个橡胶还没有被广泛应用的年代，人们在下雨天会淋湿鞋子，坐车会非常颠簸，就连足球都是用猪膀胱吹成的。

草帽

草编的蓑衣

雨衣

布鞋

雨靴

后来，人类发现了橡胶耐用、防水、绝缘等特点，开始用它制作雨衣、雨鞋等生活用品。

这种原始橡胶遇冷变硬，遇热就变得又软又黏。

这可不行，天气一热，鞋底不就化了吗？

咔嚓！

粘住了！

对于橡胶的这一缺点，美国人固特异同样非常苦恼，他决心要把橡胶"驯服"。

看我怎么让橡胶这家伙"洗心革面"！

在橡胶工业的发展历史上，做出贡献的科学家不计其数。但科学界普遍认为，美国发明家固特异才是改变橡胶命运的"英雄"。

我只是比较执着而已。　　查尔斯·固特异

1839年的一天，固特异偶然将橡胶、氧化铅和硫黄放在一起加热。在高温的作用下，橡胶产生了剧烈反应，放出了大量臭气。

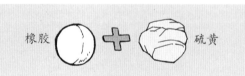

橡胶 + 硫黄

臭死了，固特异这家伙在干什么呢！

固特异从垃圾桶里捡起那块橡胶，发现它的特性已经被改变，受热不黏，遇冷不脆，而且还富有弹性，固特异成功了！

所以固特异被后人称为"现代橡胶之父"。

固特异偶然发明的硫化橡胶法，成了橡胶制造业的重大发明。

后来，固特异获得了专利。如今世界上最大的轮胎生产公司，就是以固特异的名字命名的。

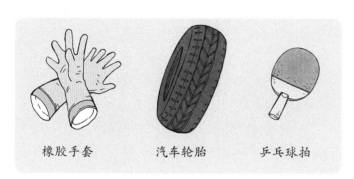

橡胶玩具　高弹性　不透空气　不透水　超级耐磨　足球　胶管　运动鞋　橡胶手套　汽车轮胎　乒乓球拍

由于这种橡胶的密封性好，极大地提高了蒸汽机的效率，从而间接推动了第一次工业革命。

如今，橡胶已经成为橡胶工业的基本原料，它具有高弹性、超级耐磨、不透水、不透空气等特性，被广泛应用于各个领域。

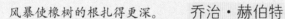

风暴使橡树的根扎得更深。　乔治·赫伯特

加速！加速！

自行车轮胎

有了有弹性的橡胶做轮胎，果然不颠了。

万有引力 1687年

● 发现路径　牛顿注意到苹果下落现象 → 长期的观察研究 → 提出万有引力定律

↓

万有引力定律的意义

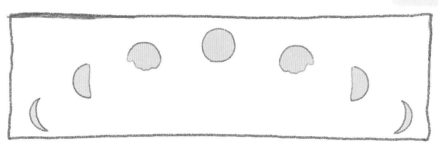

 快看！今天的月亮好圆呀！　　　它一直绕着地球在运动呢。

　　小朋友，我们都知道月球绕着地球转，地球绕着太阳转，就好像有无形的绳索牵着它们，想跑也跑不掉，你知道这是为什么吗？

这根"无形的绳索"就是吸引力！

答对了，而且人类搞懂它的过程，可是很有趣呢！

是谁第一个发现吸引力的呢？你一定对他的名字不陌生，他就是英国科学家牛顿。

牛顿

　　1643年，牛顿出生在英国的一座美丽的庄园内。他从小就聪明伶俐，十分好学。

苹果的落地，引发了牛顿的思考：究竟是什么原因，使一切物体都受到差不多总是朝向地心的吸引力呢？同样，太阳对于地球来说，是不是也充满了吸引力？

带着这样的疑惑，牛顿开始了反复的思考、实验和计算。

1687年，牛顿终于研究出结论，并且将其写进了当年发表的著作《自然哲学的数学原理》中。

牛顿在书中提出，具有质量的物体之间存在相互吸引的作用。从此，"万有引力"这一概念才被人类所熟知。

牛顿进一步解释道：引力大小与它们质量的乘积成正比，与它们距离的平方成反比，与物体的化学组成和其间介质种类无关。

认真听讲了，这可是我花了20年才研究出来的！

$$F_{引} = G\frac{m_1 m_2}{r^2}$$

这就是著名的万有引力定律！

引力居然还可以计算出来，牛顿太厉害了！

F：两个物体之间的引力。G：万有引力常数。m_1：物体1的质量。m_2：物体2的质量。r：两个物体之间的距离（大小）。

依照国际单位制，F的单位为牛顿（N），m_1和m_2的单位为千克（kg），r的单位为米（m），常数G近似等于6.67×10^{-11} 牛顿平方米每二次方千克（N·m²/kg²）。

万有引力定律为实际的天文观测提供了一套计算方法，可以只凭少数观测资料，就能算出长周期运行的天体运动轨道。

在地球上，我们都逃不过地球对万物施加的引力。如果没有地球引力，所有的东西都会瞬间脱离原地，飘在天上。

不过飘浮的速度相当快，所有的东西都会漫无目的地翻滚。

万有引力定律的发现，是17世纪自然科学最伟大的成果之一。它把地面上物体运动的规律和天体运动的规律统一了起来，对以后物理学和天文学的发展具有深远的影响。

　　这一发现还帮助人类建立了有能力理解天地间的各种事物的信心，解放了人们的思想，在科学文化的发展史上起到了积极的推动作用。

　　作为人类历史上最伟大的天才之一，牛顿却一直非常谦虚。他常说："如果我比别人看得更远，那是因为我站在了巨人的肩上。"为了纪念他在力学中的贡献，就把"力"的单位叫作"牛顿"。

> 自然和自然律隐没在黑暗中。
> 神说，让牛顿去吧！
> 万物遂成光明。
>
> 亚历山大·蒲柏

电 1752 年

● 发现路径　人类注意到闪电现象 → 富兰克林揭秘电的原理 → 发电机的发明
↓
电的应用

如今，人类生活的方方面面都离不开电，出门要用电，做饭要用电，工厂生产更要用电。可你知道，电到底是怎么回事吗？

是谁发明了电，我可真要谢谢他！

电可不是人类发明的，它是大自然创造的！

远古时期，遇到雷鸣电闪的雨天，人类会把它当作是神在"生气"。

4000多年前，古埃及人发现尼罗河中有的鱼能够像神一样"发怒"，它们是鱼类的守护者。

哎呀！没有电灯，只能摸黑走路……

你小心一点儿！

看来不能在这捕鱼了，神在惩罚我！

发电鱼

渐渐地，随着对大自然越来越了解，人类开始明白了"电"是一种自然现象，并且具有极大的能量。

1745年，荷兰莱顿的马森布罗克成功地把电存储在了一个瓶子里，从此震惊了世界，也震惊了一个叫富兰克林的美国小伙子。

富兰克林

 因为是在莱顿发明的，所以叫作"莱顿瓶"！

 莱顿瓶的发明，标志着对电的本质和特性进行研究的开始。

莱顿瓶的发明，让富兰克林对于电产生兴趣。

天上的雷电和摩擦产生的电是不是同一种东西呢？

1752年6月的一天，富兰克林带着儿子威廉开始了著名的风筝实验。（此实验据说为杜撰的）

快！打雷了，威廉，我们拿着风筝出门吧！

风筝靠近手持的那部分绑了一把钥匙，地上放着莱顿瓶。

材料是丝绸，风筝装有一个金属杆。

快，我们将雷电引入莱顿瓶里。

威廉！我被电击了！

当雷电击中风筝，富兰克林将手放在了钥匙上，立即产生一阵恐怖的麻木感。

冒着生命危险，富兰克林证明了天上的雷电和人工摩擦产生的电的性质完全一样。

后来，富兰克林还解释了摩擦生电的现象，揭示了电的真面目。人类在电学领域的研究有了巨大的发展。

注：富兰克林的这种做法非常危险，1753年就有俄国科学家在做同样的风筝实验时不幸身亡。

危险！

富兰克林居然没事，等哪天打雷闪电的时候我也试试！

不行！富兰克林是在自己有把握的情况下才做的，小朋友们千万不要去尝试！

利用雷电的性质，富兰克林发明了避雷针。人们在雷电天气，终于不用再担惊受怕。现在，高层建筑物上都要安装避雷针以防意外。

● 避雷针是怎样工作的？

把几米长的金属棒用绝缘材料固定在屋顶，然后用一根导线与金属棒底端连接，再将导线引入地下。

当雷电袭击房屋时，电就会沿着金属棒通过导线直达大地，保证房屋完好无损，达到避雷的效果。

有了它，电闪雷鸣都不怕！

避雷针的发明是早期电学研究中的第一个有重大应用价值的技术成果。

在了解了电的基本性质后，越来越多的科学家开始思考如何使用电能。

意大利医生伽伐尼在解剖青蛙时，用刀尖触碰蛙腿上外露的神经时，蛙腿剧烈痉挛，同时出现电火花。

伏打发明了世界上第一个发电器——伏打电堆，也就是电池组。自此人类终于有了可以产生恒定电流的化学电源。

1793年

1786年

1800年

意大利教授伏打在重复伽伐尼的实验时，发现蛙腿痉挛只是放电过程的表现，两种不同金属的接触才是电流现象的真正原因。

1831年，英国科学家法拉第发明了发电机，成功把电带到了实际作业中，人类从此进入电气时代。

◀ **火力发电**

现在，我们的生活早已离不开电，除了火力发电（燃烧煤等可燃物进行发电），越来越多的发电方式也被应用。

水力发电 ▲

直接利用水流冲刷涡轮来发电。1882年，最早的水力发电厂之一建于英国的戈达明。

风力发电 ▼

把风能转化为电能是风能利用中最基本的一种方式。

潮汐能源发电 ▶

人们现在已经可以通过潮汐来获取能量了，利用潮汐发电日趋成熟，已进入实用阶段。

如果说带来第一次工业革命的技术是蒸汽技术，那么带来第二次工业革命的技术就是电。富兰克林的研究和实践，打破了雷电是上帝之火的谬论，发现了电的本质，开启了一个电学的新时代。

如今，电能被广泛应用在动力、照明、冶金、化学、纺织、通信、广播等各个领域，是科学技术发展、国民经济飞跃的主要动力。

诚实和勤勉，应该成为你永久的伴侣。
本杰明·富兰克林

塑 料 19 世纪 50 年代

● 发明路径　意外获得塑料 → 赛璐珞出现 → 发明酚醛塑料 → 塑料的应用

 大熊，我来考考你，生活中用的最多的材料除了合成纤维和合成橡胶，还有什么？

 这可难不住我，当然是塑料了！

如今，人类已经生产出超过几百亿吨的各种塑料制品了，可想而知塑料对于人类有多么重要！

 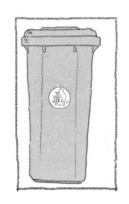 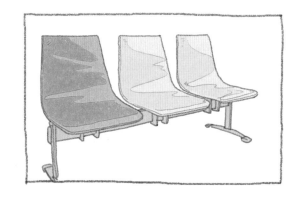

简单来说，塑料就是科学家用煤、石油、天然气为原料，经过复杂的化学方法，做出的一种名为合成树脂的材料。

● 最初的塑料

19世纪50年代，英国摄影师亚历山大·帕克斯在处理摄影材料"胶棉"时，试着将胶棉与樟脑混合，发现两者混合后产生了一种可弯曲的硬材料，帕克斯将它命名为"帕克辛"。

帕克辛

 帕克辛就是世界上最早的塑料。

帕克辛被用来制成梳子、笔、纽扣等物品。但这时塑料的原材料来源于天然植物，所以使用一小段时间后，就会变形、裂开。

24

● 第一种用化学方法制成的塑料

与此同时，在大洋彼岸的美国，正风靡着一种优雅而有趣的运动——台球。

可是，当时的台球是用象牙制作的，获取象牙的方式十分残忍，而且造价昂贵，这让台球爱好者非常头疼。

用象牙制作台球太奢侈了。

要是能有一种廉价的材料代替象牙就好了！

谁想拿到这1万美元？

为此，一家台球生产公司许诺"谁能找到象牙的替代品，就能得到1万美元！"

我的天，这可是一笔巨款！

许多人都开始投入这项研究当中，包括许多科学家呢！

约翰·海厄特

1869年，一位名叫约翰·海厄特的印刷工人改进了帕克辛的制造工艺，发明出了一种坚硬又不脆的材料，成功替代象牙，成了新的台球原料。

海厄特将其命名为"赛璐珞"，就是假象牙的意思。赛璐珞是第一种用化学方法制成的塑料。

不敢用力，要是象牙的话我怕打碎了赔不起……

快打呀，塑料台球很便宜的！

不过，赛璐珞有个缺点，那就是很容易着火，这个"毛病"限制了它的广泛使用。

● 第一种真正意义上的塑料

1909年，美国化学家利奥·贝克兰用苯酚和甲醛制成了酚醛塑料。

 这种塑料不仅耐高温，而且性质稳定，容易塑形。

 这下塑料的用处可就多了！

酚醛塑料不仅可以用来制作电绝缘体，还能制造成日用品，爱迪生还用它来制造唱片。

不光是唱片哦，酚醛塑料已经制造出了上千种产品！

帕克辛
亚历山大·帕克斯制造出最早的塑料。

帕克辛纽扣

赛璐珞
美国人约翰·海厄特和英国人丹尼尔·施皮尔都发明了赛璐珞。
它代替了玻璃板，用于制造能弯曲的照片胶卷。对电影制作来说这是关键的一步。

照片胶卷

1862年	1872年	1887年	1912年

高尔夫球

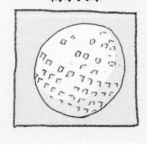

PVC
1872年由德国化学家欧根·鲍曼首次研制出来。

糖果包装纸

赛璐玢（玻璃纸）
玻璃纸被发明，被应用在了食品包装上。

塑料发明后，被广泛应用在农业、工业、建筑、包装、国防以及人们日常生活等各个领域。

大棚膜

绝缘材料

渔网

塑料零件

时至今日，塑料已经成为我们生活中必不可少的材料之一，它在推动人类社会的进步和提高人类生活水平方面都起到了十分重要的作用。

但塑料是把双刃剑，现在塑料袋已经成了环境的头号污染源。因此，治理塑料危害刻不容缓，需要我们每个人参与其中。

我认为我应该做一些真正柔软的东西，而不是把它们塑造成不同的形状。

利奥·贝克兰

聚乙烯
1933年，英国帝国化工工业公司发明了实用聚乙烯，它坚实、柔软、易弯曲，现在是使用最广泛的塑料。

聚乙烯大棚

特氟龙
美国化学家罗伊·普伦基特发明。通常用于煎锅不沾涂层上。

特氟龙煎锅

1933年	1935年	1937年	1954年

尼龙牙刷

尼龙
美国化学家华莱士·卡罗瑟斯发明了尼龙，热的情况下它是液体，冷却后变硬。被用来制作牙刷、长袜等。

聚丙烯绳

聚丙烯
结实耐用，可以抵抗许多溶剂和酸的腐蚀。它广泛应用于医疗化学物质的包装瓶上。

元素周期表 1869 年

● 发现路径　古代对于元素的猜测 → 元素概念的出现 → 元素之间关系的探索
　　　　　　　　　　　　　　　　　　　　　　　　　　　　　↓
　　　　　　　　　　　　　　　　　　　　　　　　　元素周期表诞生

到底是什么组成了世间万物？这是一个古老的问题，无数古代的哲学家们都在探索。

错，"气"才是世界的本质。

不对，土、气、水、火四大元素永恒存在，组成了世界！

万物由水组成！

非也，以土与金、木、水、火杂，以成百物。

 不过，在当时，哲学家们都是通过观察事物和推测得出结论。

虽然他们的思考很伟大，但是结论都并不正确。

随着科学技术的发展，到17世纪开始，科学家们开始通过实验分析等方法来研究组成物质的本质。

18世纪，法国化学家拉瓦锡提出了"元素"的概念，并在1789年发表了"元素列表"，表中列出了33种已经被发现的元素。

拉瓦锡

我宣布，世界由33种元素所组成，我把它分为了四大类！

拉瓦锡把光、热等非物质也列为了元素，这并不准确。

随着被发现的新元素越来越多，人类开始思考，还有多少种元素没有被发现？元素之间是否有着联系呢？

同样的问题也在困扰着俄国的一名化学老师门捷列夫，他决心要找出元素之间的奥秘。

为此，门捷列夫天天泡在图书馆内查阅资料，但始终一无所获。

门捷列夫还专门用已经发现的50多种元素制作了一套纸牌，平时没事的时候拿来把玩。

有一次，就在门捷列夫和往常一样摆弄纸牌的时候，他忽然灵光一闪，看出了元素之间的"玄机"！

门捷列夫发现，每一行元素的性质，都是按照它所含原子量的增大而从上到下变化。他把这一属性称为"周期性"。

这里应该还有4种元素没被发现。

1869年，门捷列夫将已经发现的元素按照原子量进行排列，制成了"元素周期表"。

根据自己发现的规律，门捷列夫还特意在表中留下了几个空位，他坚信这些空位中的元素将来都会被发现。

门捷列夫的推测是正确的，空缺的元素后来都被一一发现。

元素周期表

1																	18
1 H 氢 [1.0078, 1.0082]	2											13	14	15	16	17	2 He 氦 4.0026
3 Li 锂 [6.938, 6.997]	4 Be 铍 9.0122											5 B 硼 [10.806, 10.821]	6 C 碳 [12.009, 12.012]	7 N 氮 [14.006, 14.008]	8 O 氧 [15.999, 16.000]	9 F 氟 18.998	10 Ne 氖 20.180
11 Na 钠 22.990	12 Mg 镁 [24.304, 24.307]	3	4	5	6	7	8	9	10	11	12	13 Al 铝 26.982	14 Si 硅 [28.084, 28.086]	15 P 磷 30.974	16 S 硫 [32.059, 32.076]	17 Cl 氯 [35.446, 35.457]	18 Ar 氩 [39.792, 39.963]
19 K 钾 39.098	20 Ca 钙 40.078(4)	21 Sc 钪 44.956	22 Ti 钛 47.867	23 V 钒 50.942	24 Cr 铬 51.996	25 Mn 锰 54.938	26 Fe 铁 55.845(2)	27 Co 钴 58.933	28 Ni 镍 58.693	29 Cu 铜 63.546(3)	30 Zn 锌 65.38(2)	31 Ga 镓 69.723	32 Ge 锗 72.630(8)	33 As 砷 74.922	34 Se 硒 78.971(8)	35 Br 溴 [79.901, 79.907]	36 Kr 氪 83.798(2)
37 Rb 铷 85.468	38 Sr 锶 87.62	39 Y 钇 88.906	40 Zr 锆 91.224(2)	41 Nb 铌 92.906	42 Mo 钼 95.95	43 Tc 锝	44 Ru 钌 101.07(2)	45 Rh 铑 102.91	46 Pd 钯 106.42	47 Ag 银 107.87	48 Cd 镉 112.41	49 In 铟 114.82	50 Sn 锡 118.71	51 Sb 锑 121.76	52 Te 碲 127.60(3)	53 I 碘 126.90	54 Xe 氙 131.29
55 Cs 铯 132.91	56 Ba 钡 137.33	57-71 镧系	72 Hf 铪 178.49(2)	73 Ta 钽 180.95	74 W 钨 183.84	75 Re 铼 186.21	76 Os 锇 190.23(3)	77 Ir 铱 192.22	78 Pt 铂 195.08	79 Au 金 196.97	80 Hg 汞 200.59	81 Tl 铊 [204.38, 204.39]	82 Pb 铅 207.2	83 Bi 铋 208.98	84 Po 钋	85 At 砹	86 Rn 氡
87 Fr 钫	88 Ra 镭	89-103 锕系	104 Rf 铲	105 Db 𬭊	106 Sg 𬭳	107 Bh 𬭛	108 Hs 𬭶	109 Mt 鿏	110 Ds 𫟼	111 Rg 𬬭	112 Cn 鿔	113 Nh 𬭱	114 Fl 𫓧	115 Mc 镆	116 Lv 𫟷	117 Ts 鿬	118 Og 鿫

原子序数

1 H 氢 [1.0078, 1.0082]

→ 元素符号
→ 元素中文名称
→ 标注原子量

57 La 镧 138.91	58 Ce 铈 140.12	59 Pr 镨 140.91	60 Nd 钕 144.24	61 Pm 钷	62 Sm 钐 150.36(2)	63 Eu 铕 151.96	64 Gd 钆 157.25(3)	65 Tb 铽 158.93	66 Dy 镝 162.50	67 Ho 钬 164.93	68 Er 铒 167.26	69 Tm 铥 168.93	70 Yb 镱 173.05	71 Lu 镥 174.97
89 Ac 锕	90 Th 钍 232.04	91 Pa 镤 231.04	92 U 铀 238.03	93 Np 镎	94 Pu 钚	95 Am 镅	96 Cm 锔	97 Bk 锫	98 Cf 锎	99 Es 锿	100 Fm 镄	101 Md 钔	102 No 锘	103 Lr 铹

一个划时代的科学理论的创立，往往需要许多科学工作者长期连续的努力。后来，元素周期表又经过不断地修正补充，最新版的元素周期表包含了118个元素，已经全部填满了7个周期。

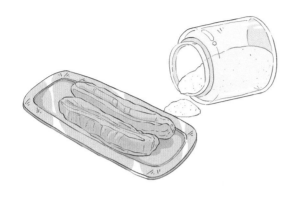

不要以为元素周期表中的"小家伙"离我们很远，其实日常生活中处处都有它们的身影。做油条时，会用含铝（化学符号Al，原子序数为13）的泡打粉快速发泡，效率高，成本低。

体温计里的水银，也就是汞（化学符号Hg，原子序数80），别看它在常温下是液体，它属于金属呢。

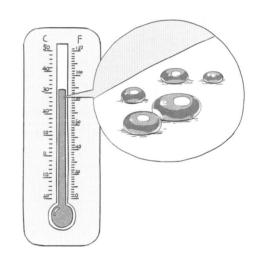

元素周期律把各种元素的性质和它们在周期表中的位置对应起来，把各类元素的自然体系，用周期表的逻辑体系反映出来，在化学的发展中具有划时代的意义。

元素周期表使人类认识到，化学元素性质发生变化是由量变到质变的过程，把原来认为各种元素之间彼此孤立、互不相关的观点彻底打破了，奠定了现代化学的基础。

元素周期表让人类在认识物质世界的思维方面有了新飞跃。例如，通过元素周期表，有力地证实了量变引起质变的定律，原子量变化引起了元素的质变。所以元素周期表被誉为"化学王国的宪法"。

科学的种子，是为了人民的收获而生长的。　　　门捷列夫

灯 泡 1880 年

发明路径　远古照明工具介绍 → 爱迪生寻找灯丝材料 → 灯泡的发明 → 灯泡的改进

从使用火开始，人类没有停下过对于照明工具的探索，火把、蜡烛、煤气灯等一个接一个出现在人类的世界。

人类能够真正驱散黑暗，多亏了爱迪生和他发明的灯泡。

1847年，大发明家爱迪生出生于美国，他是家中的第七个孩子。

小时候，爱迪生对很多事物都充满了好奇，比如，小鸟为什么会飞？怎么才能让发电报变得更加便捷？

长大以后，爱迪生创立了一个工作室，专心研究各种发明。

早在19世纪，人们已经知道，无论任何物体，只要达到白炽状态就会发光，那如果有一个东西可以一直保持在白炽状态，夜晚不就和白天一样明亮了吗？

于是爱迪生兴奋地投入对灯泡的研究。

金属、头发、食物……发光耐热的材料实在太多了，爱迪生写在纸上的就有1600多种。没关系，一一去试验。

结果让他很失望，这些材料都不合适。

不过爱迪生没有放弃，仍在寻找更多可以试验的材料。

皇天不负苦心人。他将棉线烧成碳丝，把碳丝放进灯泡中，再小心地抽干灯泡中的空气。

当灯泡通电时，奇迹发生了！这个小灯泡不仅发出了亮光，还持续发光了45个小时！爱迪生成功了！

在此后的数年中，爱迪生不断对灯丝材料进行改进，成功地让灯泡的寿命达到了数千小时。

电灯发光的原理很简单：电流通过灯丝时产生热量，螺旋状的灯丝温度可高达2000 ℃以上，达到白炽状态，发出耀眼的光亮。

此后的二十多年里，电灯泡不仅照亮了工厂、学校和医院，更走进了千家万户，为人们的夜晚带来了光明。

2010年3月17日，日本东芝集团为了减少二氧化碳的排放，终止了普通白炽灯的生产业务。现在，科学家们在不断革新技术，努力研发耗能更少、对环境无影响的灯泡。

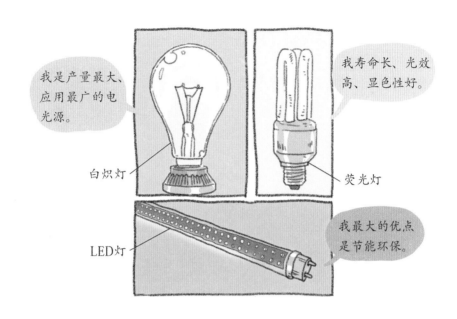

我是产量最大、应用最广的电光源。

白炽灯

我寿命长、光效高、显色性好。

荧光灯

LED灯

我最大的优点是节能环保。

 现在常见的电灯种类有白炽灯、荧光灯、LED灯等。

灯泡的诞生，打破了人类"日出而作，日落而息"的限制，促进了各产业的生产效率，延长了工作时间，充分加速了各类工业、服务业的发展，并使人们的日常生活得以更加丰富多彩。

灯泡的发明在科学史上开辟了一个新纪元，将人类带入了一个崭新的电光世界。

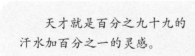 天才就是百分之九十九的汗水加百分之一的灵感。

爱迪生

镭 1898 年

● 发现路径　X射线的发现 → 居里夫妇发现镭 → 提炼出镭 → 镭的应用

大熊，你知道第一个两次获得诺贝尔奖的人是谁吗？

诺贝尔奖，还获得两次？谁这么厉害啊？

第一位两次获得诺贝尔奖的科学家就是玛丽·居里，也就是著名的居里夫人。

1867年，居里夫人出生于波兰的一个教师家庭，她的父母都是著名教师。25岁时，居里夫人来到法国巴黎读书，从此开始了她的科研生涯。

居里夫人

皮埃尔·居里

其间，她遇到了一位同样对自然科学领域极具热情的同伴皮埃尔·居里。二人相爱、结婚后，玛丽·居里成为居里夫人。

什么东西？藏得严严实实的。

19世纪末，人类已经发现了X射线，法国物理学家贝可勒尔发现铀盐会发出类似的射线。然而，谁也无法解释这种神秘射线到底是什么。

居里夫妇对此产生了浓厚的兴趣，他们决定解开这个谜团。

当时的实验室只是一间寒冷潮湿的小屋，条件十分艰苦。

我也要为了热爱的事情努力！

1898年，居里夫人测量了当时已知的化学元素，发现除了铀之外，一种名为"钍"的元素也能发出类似的射线，居里夫人把这些现象命名为"放射性"。

钍石

居里夫人在测量一种沥青铀矿物的时候，发现它的放射性比预计大得多。

这是为什么呢？

怎么回事，难道还有新的放射性元素吗？

这种过强的放射性到底是哪里来的？难道还有新元素？我要找到它！

听说放射性元素对人体的危害很大……

没错，所以在进行放射性实验时，一定要采取保护措施！

1898年，居里夫妇发现了放射性极强的新元素，命名为镭。

 不过，居里夫妇发表研究成果时，并没有提取出镭的实物。

 这……口说无凭呀。

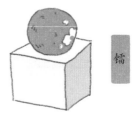

镭

为了能够提取出实物镭，居里夫妇每次把20多千克的废矿渣放入冶炼炉熔化，连续几小时不停地用一根粗大的铁棍搅动沸腾的材料，还只能提取出含百万分之一量的镭。

经过几万次的提炼，居里夫妇终于从几十吨的矿石残渣中提取出了0.1克的镭盐。

花费这么大的精力，镭这家伙到底有什么用呢？

● 让物质发生奇妙变化的镭

镭在放出射线的同时，会产生巨大的能量，这些能量会让物质产生奇妙的变化，比如无色玻璃在镭的照射下会变得五彩斑斓。

● 在生活中你就可以找到镭的应用

手表指针上涂抹上镭盐，指针就会在夜晚发出黄绿色的光。

用镭盐制成的路牌、电灯开关，夜晚也能闪耀出绿光，让人们能看清楚方向。

镭还被应用在医学中。镭可以破坏被病毒侵蚀了的细胞，帮助构建新的、健康的细胞组织，因而常被用来医治癌症和皮肤病。

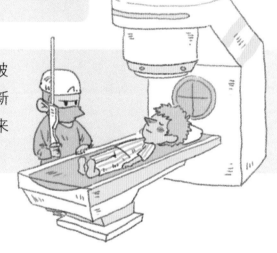

1903年，居里夫人荣获诺贝尔物理学奖；1911年，居里夫人获得诺贝尔化学奖，这次是为了表彰她发现了镭和钋元素，提纯镭并研究了镭的性质及化合物。

镭的发现，在科学界引发了一次真正的革命。之后，另一些新的放射性元素如锕等，也相继被发现。探讨放射性现象的规律以及放射性的本质，随后成为科学界的首要研究课题。

弱者坐待良机，强者制造时机。　　居里夫人

二维码 1994 年

● 发明路径　产生记录商品信息需求 → "牛眼"识别码的发明 → 条形码发明
↓
二维码出现

"扫一扫"已经成为我们生活中常见的操作。通过扫描二维码，我们可以购物、添加好友，甚至是医院挂号。

小小的二维码里，到底包含了多少信息呢？

 在了解二维码前，先来了解下它的前身——条形码。

条形码

前缀码　厂商识别码　商品项目代码　校检码

每个商品包装上都有一串神秘的条码。

快点儿，我都等半天了！

让我想想，酱油是多少钱来着？

从前，超市收银员为顾客结账的时候，需要在庞杂的商品名录里找到对应的商品，不仅效率低，还经常会出错，引发顾客的不满。

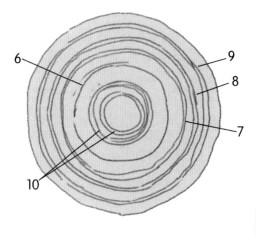

"牛眼"商品识别码

美国专家伍德兰设计了一种叫作"牛眼"的商品识别码，并于1952年获得专利。"牛眼"商品识别码由一组同心圆圈组成，通过距离的变化来标识不同的商品。

牛眼？我看着更像我们的熊眼！

由于当时的技术限制，"牛眼"并没能普及开来。

进入20世纪70年代后，美国的计算机水平取得了很大发展。伍德兰在"牛眼"的基础上，设计出了新的商品识别码——条形码。

成功了！

伍德兰

这下子，商品就有了统一的识别标准了！

注：世界上第一件被扫描的商品是一包口香糖，它现在被收藏在华盛顿史密森学院的美国历史博物馆。

这是我的行李箱，上面有我的条形码！

自从航空行李托运采用了条形码，被托运的行李的丢失概率降低了95%。

41

虽然条形码很方便，但是它的信息容量很小，如商品上的条形码仅能容纳13位阿拉伯数字。

现在的商品可比原来丰富多了，条形码不好用了！

而且条形码损坏以后就不能读取，这太不方便了。

一维
条形码
6 901234 000016

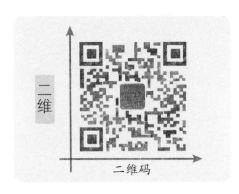
二维
二维码

到了20世纪90年代，日本电装公司在传统的条形码基础上，增加了一个维度，把它变成更复杂的图案，"二维码"出现了。

二维码中的黑白图案组成了信息矩阵，通过扫描器处理，就能实现读码。二维码的信息含量巨大，是传统条形码的数百倍。

"成功了！信息储存量增加了250倍！"

二维码具有"容错机制"，即使条码有污损也可以被识别出。

看到二维码三个角上的方块了吗？这是用作定位的，不论从什么角度扫描，得出的信息是一样的。

白色方块代表"0"，黑色方块代表"1"。将携带信息的黑白小方块，按照一定的规律，拼凑到大方块里，就能得到完整的二维码。

由于二维码具有储存量大、保密性强、追踪性强、抗损性强、成本低等特性，自它发明以后，迅速地被应用到了生产生活中。

目前，二维码主要应用在四个方面：传递信息、电商平台入口、移动支付和各类凭证等。

和我们关系最紧密的就是在支付领域发展出的扫码支付，大到商场超市，小到街边商贩，绝大多数都已经提供了二维码支付通道。

除了一些必要的场合外，二维码已经代替了现金和刷卡的支付方式，大大方便了人们的生活。

现在二维码技术成了手机病毒、钓鱼网站传播的新渠道，千万要小心哪！

以后可不能看到二维码就扫了！

二维码是一个看似很简单的技术，但却是未来连接线上线下一个最重要的桥梁。

马化腾